EQ

南瓜神燈

魔術精靈出來唸咒語了。

神燈裏會出現什麼東西呢？快來把貼紙貼上吧！

快樂天堂

天堂的朋友都在做些什麼呢？
請你用貼紙創造出一個快樂天堂吧！

好熱的沙灘

這裏除了陽光、沙灘，還會出現什麼呢？
你也來玩一玩，並在虛線內貼上適當的貼紙。

昆蟲世界

一起來和昆蟲做朋友吧！
這裏有幾種昆蟲呢？先貼上貼紙，再數一數吧！

我也要
一起玩！

動物園

動物園有哪些動物呢？在虛線內貼上適當的貼紙，並說出牠們的名稱吧！

巫婆的城堡

巫婆的城堡裏有些什麼呢？
貼上貼紙，快來參觀巫婆的城堡吧！

接龍遊戲

「猴子屁股紅！」接下來接什麼呢？
玩玩小接龍，並在虛線內貼上適當的貼紙吧！

紅色的屁股！
會聯想到

蘋果

真好吃！
會聯想到

香蕉

很長！
會聯想到

火車

跑得快！
會聯想到

飛機

飛得很高！
會聯想到

高山

冬天來了！

冬天來了，小熊們想玩雪，
請利用貼紙，幫他們穿上保暖的衣服吧！

下雪了！

一起來堆雪人、玩雪球吧！
請利用貼紙，趕快來布置一個熱鬧的下雪天吧！

做個雪人吧！

小小遊樂場

一起來玩溜滑梯和盪鞦韆吧！
在虛線內貼上適當的貼紙，你會發現還有好多朋友呢！

童話王國

童話王國裏住着哪些朋友呢？
說出童話的主角，並利用貼紙，一起來創造童話王國吧！

我是彼得潘！
要當心巫婆！

台灣遊樂透

台灣哪裏有又好玩又有好吃的東西呢？
試着在虛線内貼上適當的貼紙吧！

阿里山鄒族
花蓮搗麻糬
小丑魚
玉山梅花
潛水
曾文水庫
美濃紙
台東布農族
關仔嶺泡溫泉
台南孔廟
鬼頭刀
萬巒豬腳
綠島潛水
台東釋迦
東港王船祭
鮪魚
墾丁潛水
達悟人
鵝鑾鼻
燈塔
飛魚祭

拔蘿蔔

「嗨喲！嗨喲！」農場裏發生了什麼事？
看完故事後，利用貼紙，一起來布置拔蘿蔔的場景吧！

在老爺爺的農場裏，
長了一個**大蘿蔔**。
老爺爺雖然拔了又拔，
卻拔不起這個大蘿蔔。
所以大家決定要幫老爺爺拔蘿蔔。
老婆婆在老爺爺後面；小女孩在老婆婆後面；
小狗在小女孩後面；小貓在小狗後面；
小老鼠在小貓後面，全部一起合力拔蘿蔔。
嗨喲！嗨喲！
大蘿蔔拔起來了嗎？

嗨喲！嗨喲！
用力！
N
E
W
S

雪櫃藏寶圖

雪櫃裏要放什麼東西呢？
貼上食物貼紙，並說出食物的名稱。